BEI GRIN MACHT SICH IHR WISSEN BEZAHLT

Holger Müller

Organisation und räumliche Ordnung der Wirtschaft

Standortfaktoren und Akteure

GRIN Verlag

Bibliografische Information der Deutschen Nationalbibliothek:

Die Deutsche Bibliothek verzeichnet diese Publikation in der Deutschen National-
bibliografie; detaillierte bibliografische Daten sind im Internet über http://dnb.d-
nb.de/ abrufbar.

Impressum:

Copyright © 2009 GRIN Verlag GmbH
Druck und Bindung: Books on Demand GmbH, Norderstedt Germany
ISBN: 978-3-640-85606-0

Dieses Buch bei GRIN:

http://www.grin.com/de/e-book/168496/organisation-und-raeumliche-ordnung-
der-wirtschaft

GRIN - Your knowledge has value

Der GRIN Verlag publiziert seit 1998 wissenschaftliche Arbeiten von Studenten, Hochschullehrern und anderen Akademikern als eBook und gedrucktes Buch. Die Verlagswebsite www.grin.com ist die ideale Plattform zur Veröffentlichung von Hausarbeiten, Abschlussarbeiten, wissenschaftlichen Aufsätzen, Dissertationen und Fachbüchern.

Besuchen Sie uns im Internet:

http://www.grin.com/

http://www.facebook.com/grincom

http://www.twitter.com/grin_com

Inhaltsverzeichnis

0 Einleitung

Zu Beginn dieser Ausarbeitung wird eine Abbildung vorgestellt, die eine Übersicht der zu behandelten Themen gibt und gleichzeitig die Verflechtung dieser darstellt. Abb. 1 zeigt das ökonomische Raumsystem sowie die Akteure im Wirtschaftsgeschehen im Rahmen der Wirtschaftsgeographie. Im Folgenden werden die einzelnen Begriffe, die miteinander in Beziehung stehen, erläutert.

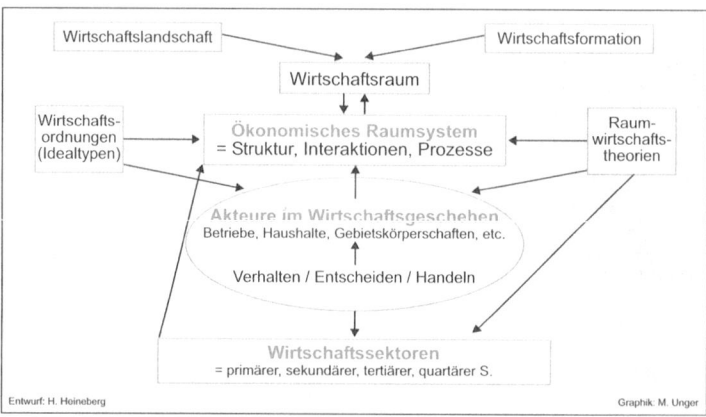

Abbildung 1: Das ökonomische Raumsystem und Akteure im Wirtschaftsgeschehen im Rahmen der Wirtschaftsgeographie. Quelle: Heineberg, 2003, S.93

Im Mittelpunkt stehen hierbei die Akteure im Wirtschaftgeschehen, welche in einem separaten Thema näher betrachtet werden. Diese Akteure haben Einfluss auf das ökonomische Raumsystem und auf die Wirtschaftssektoren. Ersteres besteht aus den drei Systemelementen die wechselseitige Abhängigkeiten aufweisen:

- **Die Struktur** meint die Verteilung der ökonomischen Aktivitäten (Produktion, Konsum) innerhalb eines Raumsystems.

- Unter **Interaktion** versteht man die Bewegung von mobilen Produktionsfaktoren (z. B. Kapitel, Arbeit) zwischen den Standorten bzw. Regionen.

- Die Dynamik von Standort- und Regionalstruktur wird hier als **Prozess** betitelt (vgl. Heineberg, 2003, S. 96).

Die Idealtypen der Wirtschaftsordnungen werden ebenfalls Gegenstand dieser Ausarbeitung sein. Auf der Abb. 1 ist zu erkennen, dass diese Einfluss auf das ökonomische Raumsystem und auf die Wirtschaftssektoren haben. Die Raumwirtschaftstheorien, die in dieser Arbeit keine Rollen spielen werden, beeinflussen diese ebenfalls.
Der Wirtschaftsraum, als zentraler Begriff der Wirtschaftgeographie, gilt als ein Landschaftsausschnitt, der durch bestimmte sozio-ökonomische Strukturmerkmale bzw. funktionale Verflechtungen charakterisiert ist. Durch die individuelle Struktur hebt sich der Wirtschaftsraum

von anderen Wirtschaftsräumen ab (vgl. Leser, 2005, S. 1081). Es besteht eine Wechselwirkung zwischen dem Wirtschaftsraum und dem ökonomischen Raumsystem.

Der Begriff Wirtschaftraum wurde abgeleitet aus den Termini Wirtschaftslandschaft und Wirtschaftsformation. Als Wirtschaftlandschaft wird die vom Menschen umgestaltete Naturlandschaft gemeint (vgl. Heineberg, 2003, S. 96). Die Wirtschaftsformation ist ein „Raumbegriff, der die Anordnung der zu einem Wirtschaftszweig gehörenden Objekten und die Prozesse zwischen diesen Objekten im Raum hervorhebt"(Leser, 2005, S. 1080).

In dieser Ausarbeitung wird versucht, die grundsätzlichen Aspekte des Wirtschaftssystems der Wirtschaftsgeographie anzusprechen und zu erläutern.

Das erste Kapitel widmet sich der Frage, welche Akteure im Wirtschaftssystem auftreten. Hierbei werden lediglich die drei Hauptakteure, der Staat, die privaten Haushalte sowie die Unternehmen angesprochen. Der Wirtschaftskreislauf sowie die Aufgaben dieser drei Hauptakteure werden thematisiert.

Unter dem Gesichtspunkt der wirtschaftlichen Rahmenbedingungen, werden die Idealtypen von Wirtschaftsordnungen im zweiten Kapitel näher betrachtet. Vier Idealtypen nach S. Klatt werden erklärt und es wird ferner versucht, die praktische Umsetzung der Mischformen zu erläutern.

Im anschließenden dritten Kapitel werden die einzelnen Wirtschafts- bzw. Produktionssektoren angesprochen. Auf den Wandel von der Agrargesellschaft hin zu der Dienstleistungsgesellschaft, also der Wandel der Wirtschaftssektoren, wird ebenfalls näher eingegangen.

Im darauffolgenden vierten Kapitel werden die Standortfaktoren, die als maßgebliche Einflussgröße für die Standortwahl eines Unternehmens gilt, behandelt. Hierbei wird die Frage geklärt, welche Vorrausetzungen gelten müssen, damit ein bestimmter Faktor als so eine Einflussgröße und somit auch ein Standortfaktor Geltung findet. Die allgemein übliche Unterscheidung zwischen den harten und weichen Standortfaktoren und deren Einfluss auf die Niederlassung von Unternehmen, werden ebenfalls geschildert.

1 Akteure im Wirtschaftssystem

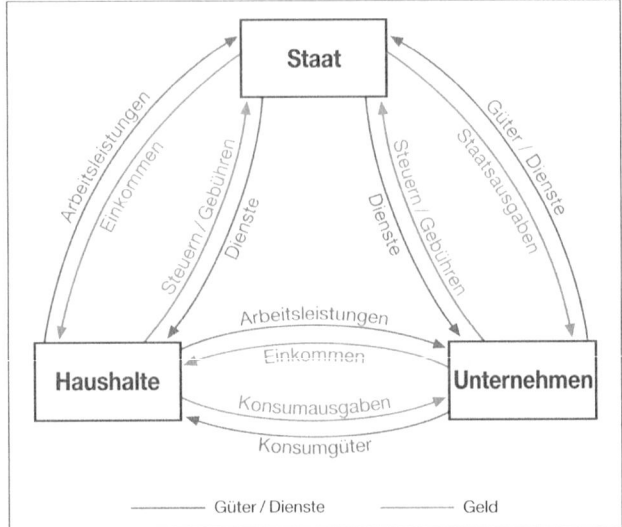

Abbildung 2: Akteure im Wirtschaftssystem und Wirtschaftskreisläufe. Quelle: Klein, 2005, S.337

Allgemein kann man drei Hauptakteure, welche in Kreislaufbeziehungen zueinander stehen, unterteilen. Mit diesen drei Hauptakteuren meint man den Staat, die Haushalte und die Unternehmen.

Abb. 2 zeigt die drei Hauptakteure und stellt deren Kreislauf sehr übersichtlich dar. Dieser Wirtschaftskreislauf zeigt modellhaft die wichtigsten Tausch- und Zahlungsvorgänge, die zwischen den Wirtschaftsakteuren vorkommen [1] Der Kreislauf wird gebildet aus den Austausch von Gütern bzw. Dienstleistungen (blaue Linien) und dem Austausch von Geld (rote Linien) Die Haushalte erbringen Arbeitsleistungen an die Unternehmen, die diese mit Einkommen vergüten. Dieses Einkommen wird durch Konsumausgaben wieder an die Unternehmen abgegeben, so dass dieser Geldfluss in umgekehrter Richtung zurückfließt. Im Extremfall können die privaten Haushalte das gesamte Einkommen ausgeben, oft wird ein Teil aber auch gespart (vgl. Halver und Reske, 2006, S. 78).

Der Staat kann ebenfalls als Arbeitgeber agieren, so dass die Haushalte hier auch Arbeitsleistungen einbringen können und folglich Einkommen beziehen.

Desweiteren zahlen die Haushalte Steuern an den Staat, der als Gegenleistung Dienstleitungen (z. B. Bildung, Infrastruktur) erbringt .

Zwischen dem Staat und den Unternehmen besteht ebenfalls eine solche Beziehung. Die Unternehmen zahlen Steuern bzw. Abgaben und erhalten im Gegenzug Dienstleistungen vom

---

[1]Es gibt weitere Modelle von Wirtschaftskreisläufen, so erweitert sich dieser Kreislauf z. B. bei dem so genannten erweiterten Wirtschaftskreislauf um die Kapitalsammelstellen.

Staat. Die Unternehmen erbringen Dienstleistung für den Staat (z. B. Bau von Gebäuden, Dienstleistungen usw.) und empfangen Staatsausgaben für ihre erbrachten Leistungen (vgl. Klein, 2005, S. 336).

Es ist anzumerken, dass die Unterteilung sehr grob ist und das man durchaus weitere Akteure (z. B. die Gewerkschaften) mit einbeziehen kann. Ferner kann man die einzelnen Hauptakteure auch differenzierter unterteilen. Die Unterteilung der Unternehmen der Größe nach wäre beispielsweise eine Möglichkeit. Allerdings wäre der Sachverhalt dann überaus komplex und würde den Rahmen dieser Arbeit sprengen.

1.1 Unternehmen

Die Unternehmen handeln also als Nachfrager von Arbeit. Sie benötigen diese Arbeitskräfte um die Dienstleistungen anbieten zu können.

Desweiteren agieren die Unternehmen als gesellschaftlich-kreativer Ort. Die Unternehmen stellen also nicht nur Produkte her, sondern sorgen z. B. für die Weiterbildung ihrer Mitarbeiter. Ein weiterer Aspekt der hierzu zählt, ist die Unterstützung von sportlichen und kulturellen Aktivitäten (vgl. Halver und Reske, 2006, S. 54ff).

1.2 Private Haushalte

Die privaten Haushalte zählen wie oben erwähnt ebenfalls als Akteure im Wirtschaftssystem. Sie bieten Arbeitsleistung an, was man auch als Beschaffung von Einkommen deuten kann. Dieses Einkommen wird verwendet, wenn sie als Konsumenten auf dem Markt agieren. Das Einkommen stimmt in der Regel nicht mit den Konsumausgaben überein, da ein Teil des Einkommens als nicht-konsumierbare Einkommenanteile gespart werden.

Desweiteren bieten sie, falls vorhanden, Land an, welches anderen Wirtschaftsakteuren nutzen bringen kann. Darüber hinaus können sie Anbieter von investivem Kapitel sein (z. B. durch den Erwerb von Aktien) (vgl. ebd., S. 62ff).

1.3 Der Staat

Dem Staat fällt in erster Linie eine ordnungspolitische Aufgabe zu, indem er die Rahmenbedingungen (Bestimmungen und Gesetze) festsetzt, unter denen sich die Marktvorgänge abspielen. Ein aktuelles Beispiel für solche Rahmenbedingungen wären Umweltschutzmaßnahmen, die die Unternehmen einhalten müssen.

Zugleich bietet er, wie auf Abb. 2 zu erkennen, auch Arbeitsleistungen und Güter (vor allem öffentliche Güter wie z. B. Bildung, innere Sicherheit, Verteidigung) an.

Für den Wirtschaftskreislauf fällt dem Staat außerdem als Nachfrager von Gütern eine große Bedeutung zu (vgl. ebd., S. 77f).

2 Idealtypen von Wirtschaftsordnungen

Unter dem Begriff Wirtschaftsordnung sind „die von der Gesellschaft bzw. vom Staat gesetzten Rahmenbedingungen, nach denen sich die Wirtschaftsabläufe zu orientieren haben" (Leser, 2005, S. 1080), zu verstehen.

Klatt unterscheidet vier Idealtypen von Wirtschaftsordnungen, die auf Abb. 3 zu sehen sind. Hauptkriterium für die Einteilung ist die Art der Aufstellung von den Wirtschaftsplänen. Auf der einen Seite die Produktionspläne, die sich auf die Produktion von Güter beziehen, auf der anderen Seite stehen die Kosumtionspläne, die die Ebene der Konsumenten bzw. den Konsum von Gütern analysiert (vgl. Heineberg, 2003, S. 101f).

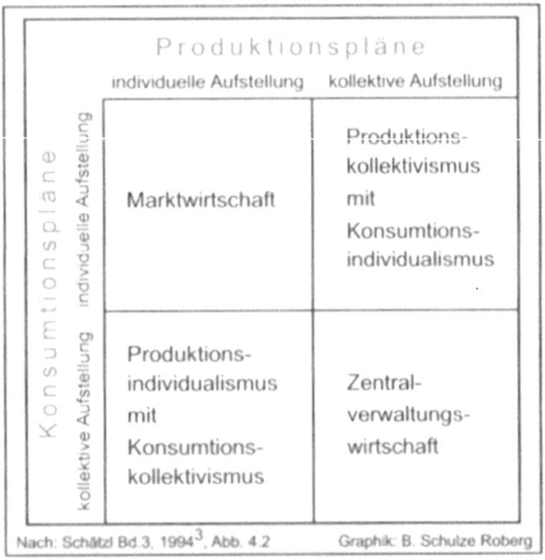

Abbildung 3: Systematik idealtypischer Wirtschaftsordnungen nach S. Klatt. Quelle: Heineberg, 2003, S.101

Auf der Abbildung 3 sind diese vier Idealtypen abgebildet. Es sind dabei zwei Mischformen und zwei Extremformen zu unterscheiden.

Für die eine Extremform, der Marktwirtschaft gilt, dass die Produktions- sowie Konsumtionspläne der Betriebe und Haushalte individuell aufgestellt sind. Diese Marktwirtschaft ist zudem gekennzeichnet durch einen Wettbewerb mit freier Preisbildung, die Entscheidungen der Produktion sowie die der Konsumtion erfolgt über den Markt. Was bzw. wieviel produziert wird, wird also von dem Markt durch Angebot und Nachfrage entschieden.

Die Produktionsmittel sind in der Regel Privateigentum (vgl. ebd., S. 101ff). Der Staat hält sich also weitestgehend aus dem Wirtschaftsgeschehen heraus.

Demgegenüber steht die Zentralverwaltungswirtschaft, hier sind die Produktionsmittel im gesellschaftlichen Eigentum. Die Konsumtions- und Produktionspläne sind kollektiv aufgestellt. Der Staat regelt, plant und kontrolliert nahezu alle Wirtschaftsgeschehnisse und Lebensbereiche. Die Wirtschaftspläne werden kollektiv aufgestellt und die Entscheidungen werden zentral (vom Staat) getroffen. Die Produktionsmittel sind im gesellschaftlichen Eigentum.

Als Beispiele für Länder, die eher an der Form der Marktwirtschaft orientiert sind, wären u. a. viele Länder der EU zu nennen, so z. B. Deutschland und England.

Zudem setzt der Staat die Preise fest, die also nicht durch Angebot und Nachfrage entstehen, so dass es eine enge Verbindung zwischen Politik und Wirtschaft entsteht (vgl. Heineberg, 2003, S. 104).

Die Wirtschaftssysteme von Kuba und der damaligen DDR könnte man als Beispiele für Wirtschaftsordnungen nennen, die eher der Zentralverwaltungswirtschaft entsprechen.

Die beiden anderen Typen, die auf der Abb. 3 zu sehen sind, sind Mischformen aus den oben genannten Extremformen. Auf der einen Seite der Produktionskollektivismus mit Konsumtionsindividualismus und auf der anderen Seite der Produktionsindividualismus mit Konsumtionskollektivismus.

In der Realität sind diese Idealtypen nicht anzutreffen. Heinemann stellt fest, dass „jeder Realtyp einer Wirtschaftsordnung eine Kombination von Merkmalen einer Marktwirtschaft und einer Zentralwirtschaft darstellt" (ebd., S. 104).

3 Wirtschaftssektoren

Ein Wirtschaftssektor, oft auch als Produktionssektor bezeichnet, kann als ein Wirtschafts-bereich, in dem ähnliche Wirtschaftszweige zusammengefasst sind, bezeichnet werden (vgl. Leser, 2005, S. 1081).

Die Einteilung der wirtschaftlichen Aktivitäten erfolgt in der Regel in der Zuordnung der einzelnen wirtschaftlichen Bereiche zu den klassischen Hauptsektoren der Wirtschaft (vgl. Heineberg, 2003, S. 97f). Die drei Hauptsektoren

■ primärer Sektor,

■ sekundärer Sektor und der

■ tertiärer Sektor

sollen im folgendem näher betrachtet werden.

Es besteht hinsichtlich der Zuordnung der einzelnen Wirtschaftsbereiche neben den unter-schiedlichen Auffassungen und Definitionen häufig auch Probleme der statistischen Zuord-nungen von Aktivitäten zu einzelnen Sektoren.

3.1 Der primäre Sektor

Der primäre Sektor wird oft auch als Ursektor beschrieben, da hier alle Betriebe der Urpro-duktion von Rohstoffen zusammenfasst sind.

Er ist gekennzeichnet durch eine flächenhafte Verbreitung und durch eine relative starke Ab-hängigkeit vom Klima.

Als Beispiele wären die Land- sowie Forstwirtschaft, die Fischerei und der Bergbau zu nennen.

Die Einordnung des Bergbaus in den primären Sektor ist umstritten. In einigen Definitionen zählt er zu dem primären Sektor, in anderen Definitionen zu dem produzierenden Gewerbe (also zu dem sekundäre Sektor) (vgl. ebd., S. 98f).

3.2 Der sekundäre Sektor

Im dem sekundären Sektor (auch industrieller Sektor genannt) erfolgt eine Umwandlung der Stoffe, die von dem Ursektor zur Verfügung gestellt werden, durch eine Be- und Verarbeitung dieser Rohstoffe.

Eine punkthafte Verbreitung kennzeichnet diesen Verarbeitungssektor. Zwar können Indus-trieunternehmen auch flächenhaft vorhanden sein, z. B. in Form von Industrieparks, allerdings sind diese tendenziell durch eine punkthafte Verbreitung gekennzeichnet.

Nahezu alle Industrie- und Handwerksbetriebe zählen zu diesem Sektor (vgl. ebd., S. 98f).

3.3 Der tertiäre Sektor

Der tertiäre Sektor wird oft auch als Dienstleistungssektor betitelt, da hier alle Dienstleis-tungsbereiche zusammengefasst sind. Dazu zählen u. a. der Handel und Verkehr, Verwaltung sowie das Bildungs- und Schulwesen. Auch das Banken- und Versicherungswesens kann diesem

Sektor zugeordnet werden.

Dieser Sektor ist netzartig verknüpft und zeichnet sich durch eine personalintensive Arbeit aus (vgl. Heineberg, 2003, S. 98f).

3.4 Quartäre Sektor

Hoch entwickelte Staaten verfügen über eine sehr differenzierte Dienstleistungsgesellschaft. Im Zuge der hohen Bedeutung des tertiären Sektors wurde anstelle der drei Hauptsektoren eine Aufspaltung des tertiären Sektors angestrebt und somit ein vierter Sektor, der so genannte quartäre Sektor von manchen Autoren eingeführt (vgl. ebd., S. 101).

Ein Vorteil dieser Viergliedrigkeit ist die Anpassung des Modells an die modernen Wirtschaftsprozesse. Zu diesem Sektor gehört die reine Verwaltung, sowie die Forschung Lehre[2]. Allerdings hat sich diese Aufspaltung des tertiären Sektors bisher nicht durchgesetzt (vgl. Leser, 2005, S. 719).

3.5 Modell des Wandels der Wirtschaftssektoren

Zu Beginn des Kapitels wird eine Abbildung vorgestellt, auf der die Unterschiede bezüglich der einzelnen Faktoren (und somit auch in der Entwicklung der Ökonomie) deutlich werden. So zeigt Abb. 4 den Anteil der Arbeitskräfte in den drei Wirtschaftssektoren in ausgewählten Staaten.

Es fällt auf, dass dem tertiäre Sektor in allen Ländern mehr oder weniger eine große Bedeutung zukommt. Allerdings ist die Spannweite zwischen dem kleinsten Werte (Marokko mit 35,9%) und dem größten Wert (Singapur mit 75,6%) sehr auffällig.

Der Dienstleistungssektor ist in allen dargestellten Ländern relativ gleich ausgeprägt, es ist zudem eine geringe Spannweite zwischen dem Minimal- und Maximalwert (Marokko mit 20% und Deutschland mit 32%) zu erkennen.

Am deutlichsten sind die Unterschiede in dem primären Sektor: Hier lässt sich deutlich die Entwicklung bzw. Ausrichtung der Wirtschaft erkennen. Diese ist ist in Singapur deutlich auf den Dienstleistungssektor bezogen und im Gegensatz dazu in Marroko eher auf den primären Sektor zentriert. Auch in Deutschland spielt der primäre Sektor eine untergeordnete Rolle.

Allerdings ist zu erwähnen, dass die Abbildung lediglich die Anzahl der Arbeitskräfte in dem bestimmten Sektor übermittelt. Interessant wären zusätzliche Informationen über den Anteil am Bruttosozialprodukt der einzelnen Sektoren, da es durchaus sein kann, dass z. B. in Deutschland trotz weniger Arbeitskräfte mehr produziert wird (z. B. durch technische Hilfsmittel) als in Marokko, welche einen hohen Anteil an Arbeitskräften in diesem Sektor aufweisen. Es fällt zudem auf, dass die Länder mit einem niedrigen Anteil am primären Sektor einen umso höheren Anteil am tertiären Sektor aufweisen.

Das Modell des Wandels der Produktionssektoren besagt, dass sich im Verlauf der wirtschaftlichen Entwicklung Veränderungen in der Bedeutung der Sektoren ergeben. Es kommt

---

[2]Auch die Definition des quartären Sektors ist in vielen unterschiedlichen Variationen zu finden und nicht einheitlich gehalten

Arbeitskräfte in den drei Wirtschaftssektoren in ausgesuchten Staaten (% aller Arbeitskräfte: 2003)

Singapur 24,2 · 75,6

Deutschland 2,5 32,0 · 65,5

Litauen 17,9 · 28,1 · 54,0

Türkei 33,9 · 22,7 · 43,4

Marokko 43,9 · 20,2 · 35,9

■ Primärer Sektor (Landwirtschaft)
■ Sekundärer Sektor (Industrie)
■ Tertiärer Sektor (Dienstleistung)

Abbildung 4: Arbeitskräfte in den drei Wirtschaftssektoren in ausgesuchten Staaten. Quelle: Meyers Atlas Globalisierung, 2008, S. 166

zu einer quasi-gesetzmäßigen Verschiebung der Wirtschaftssektoren im Zuge des wirtschaftlichen Wachstumsprozesses (vgl. Haas und Neumair, 2008, S. 75)

Abb. 5 zeigt die Veränderung der drei Hauptsektoren mit zunehmender Entwicklung (horizontale Achse) im Bezug auf die Veränderung des Anteil des Sozialprodukts (vertikale Achse). In traditionellen Gesellschaften dominiert der primäre Sektor mit ca. 80% Anteil am Sozialprodukt. Der sekundäre Sektor erlangt durch den Industrialisierungsprozess immer mehr an Bedeutung und trägt bis zu 50% zum Sozialprodukt bei. In modernen Gesellschaften spielt letztendlich der tertiäre Sektor eine immer größere Rolle, der mit 60-70 % der wichtigste Sektor wird. Indessen verliert der primäre Sektor immer mehr an Bedeutung (5% des Sozialprodukts).

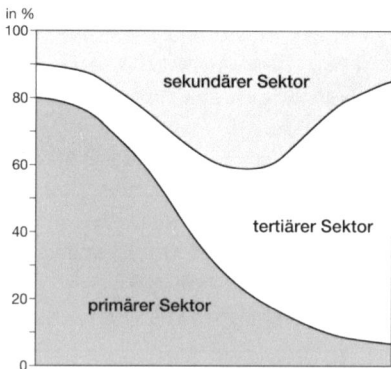

Abbildung 5: Das Modell des Wandels der Produktionssektoren. Quelle: www.diercke.de

Abb. 6 stellt in Anlehnung an die Abb. 5 ebenfalls den Wandel der Wirtschaftssektoren dar. Die Aspekte, die dort angesprochen wurden, können auch auf dieses Modell übertragen werden. Allerdings kann man auf dieser Grafik den genauen zeitlichen Ablauf sowie die Übergänge der einzelnen Gesellschaften erkennen[3].

---

[3]Natürlich kann man diese Übergänge nicht exakt auf ein genaues Jahr festlegen, allerdings gibt dieses Modell einen Richtwert an, an dem man sich orientieren kann. Das Modell läuft also nicht immer und überall gleich ab.

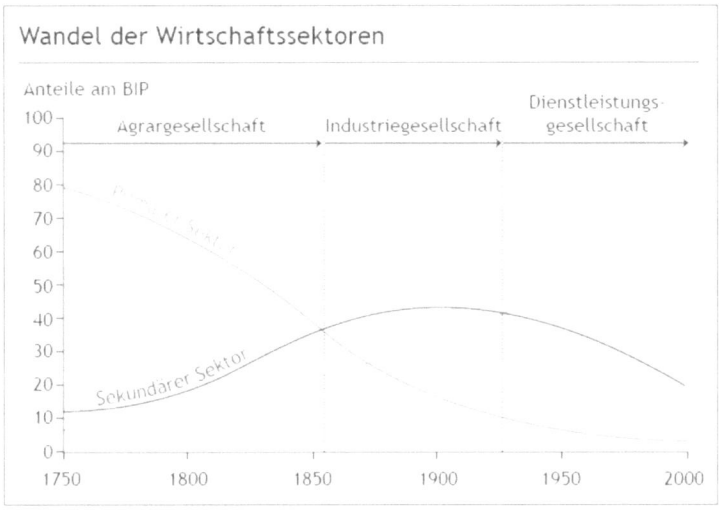

Abbildung 6: Wandel der Wirtschaftssektoren. Quelle: www.oebv.at

Bestimmte Sektoren sind in den unterschiedlichen Gesellschaften vorherrschend.
So ist zu Beginn (in der Agrargesellschaft) der primäre Sektor der wichtigste Sektor. Dieser verliert kontinuierlich an Bedeutung und ab ca. 1850, in der Zeit der Industrialisierung, entwickelte sich der sekundäre Sektor immer mehr aus (Industriegesellschaft). Hier lässt sich die industrielle Revolution sehr gut nachvollziehen. Technische Erneuerungen (u. a. die Dampfmaschine) führten zu einem Anstieg des Brutto-Inland-Produktes im Bereich des sekundären Sektors.
er tertiäre Sektor hat stetig an Bedeutung gewonnen und so ist zu erkennen, dass dieser Sektor in der Gegenwart die wichtigste Rolle spielt (Dienstleistungsgesellschaft). Die Kurve des tertiären Sektors verhält sich umgekehrt proportional zu derjenigen des primären Sektors.

Auch wenn die Gründe und Erklärungsansätze durch die Komplexität dieses Models sehr vielschichtig sind, kann man für den sektorialen Strukturwandel Perspektiven betrachten.

■ Die angebotsorientierte Perspektive besagt, dass der technische Fortschritt bestimmend für die oben genannte Entwicklung ist. Im zweiten Stadium, also in der Industriegesellschaft, in der die handwerklichen und industriellen Betrieben den größten Anteil verzeichnen, führt dieser technologische Fortschritt zur Produktivitätssteigerung (vgl. Haas und Neumair, 2008, S. 76).

■ Die nachfrageorientierte Perspektive geht davon aus, dass die „Einkommenselastizität der Nachfrage", den Strukturwandel auslöst. So ändert sich die Nachfrage der bestimmten Produkte mit der Erhöhung des Einkommens. Zu Beginn werden Gebrauchsgüter verstärkt nachgefragt (Agrargesellschaft), anschließend verlagert sich die Nachfrage zu höherwertigen Industrieprodukten (Industriegesellschaft) bis hin zu der Nachfrage nach

Dienstleistungsprodukten (Dienstleistungsgesellschaft) (vgl. Haas und Neumair, 2008, S. 76).

Zusammenfassend kann man sagen, dass Schwerpunkt der wirtschaftlichen Tätigkeit zunächst vom primären Sektor (Rohstoffgewinnung), auf den sekundären (Rohstoffverarbeitung) und anschließend auf den tertiären Sektor (Dienstleistung) verlagert wird. Der tertiäre Sektor gewinnt umso mehr an Bedeutung, je weiter eine Gesellschaft entwickelt ist. Es fällt darüber hinaus auf, dass wirtschaftliche Prozesse parallel zu gesellschaftlichen Prozessen ablaufen.

4 Standortfaktoren

Standortfaktoren gelten als maßgebliche Einflussgrößen für die Standortwahl eines Unternehmens, da sie die standortspezifischen Einflüsse sind, die sich positiv oder negativ auf die Entwicklung eines Unternehmens auswirken können. So kann man diese auch als wirtschaftliche Vor- bzw. Nachteile ansehen (vgl. Haas und Neumair, 2008, S. 13). Standortfaktoren können aus zwei Perspektiven betrachtet werden.

1. Als **Standortbedürfnisse**, die die Anforderungen, die ein Unternehmen an einen potentiellen Standort stellt, beschreiben. Je nach betrieblichen Merkmalen können diese variieren. Solche speziellen Standortfaktoren können z. B. sein:
   Qualität und Beschaffenheit der Böden von Betrieben aus dem primären Sektor, Qualität der Arbeitskräfte im sekundären Sektor oder Absatzmarktnähe von Betrieben aus dem tertiären Sektor (vgl. ebd., S. 13).

2. Die **Standortqualität** „bezeichnet [...] das räumlich selektive Auftreten von Standortfaktoren in unterschiedlichen Kombinationen und Ausprägungen"(ebd., S. 13). Unter diesem Aspekt fallen die harten und weichen Standortfaktoren, welche im Folgenden näher erläutert werden.

Darüber hinaus müssen zwei Voraussetzungen gelten, damit ein Standortfaktor in der Entscheidung über die Auswahl eines Standortes Berücksichtigung findet oder nicht: Zum einen hat sich jeder Standortfaktor in unternehmerische Erlöse und Kosten niederzuschlagen. Der Begriff Kosten meint in diesem Zusammenhang auch nicht quantifizierbare Aufwendungen wie z. B. Zeit oder verschiedene Unannehmlichkeiten. Auf der anderen Seite muss sich jeder Standortfaktor, damit er als solcher Relevanz hat, in Qualität, Quantität und Preis räumlich von anderen unterscheiden.

Nur wenn diese beiden Voraussetzungen erfüllt sind, ergeben sich unterschiedliche Standortbedingungen an verschiedenen Standorten und diese können demzufolge als Standortfaktoren bezeichnet werden (vgl. ebd., S. 13f).

Das Verhältnis zwischen harten und weichen Standortfaktoren ist für die Standortqualität einer Region von besonderer Bedeutung.

- ■ Harte Standortfaktoren wirken sich direkt auf die Kosten und Erlöse von Unternehmen aus, sie sind also qualitativ messbar. Sie spielen als Grundausstattung eines potenziellen Standorts eine bedeutende Rolle. Beispiele für harte Standortfaktoren sind u. a. Flächenverfügbarkeit, Arbeitskräfte, Infrastruktur, Energiepreise usw.
  Allerdings verlieren diese umso mehr an Bedeutung, je mehr die Regionen sie in vergleichbarer Qualität anbieten, d. h. sind diese harten Standortfaktoren ähnlich bzw. gleich, gewinnen die weichen Standortfaktoren an Bedeutung (vgl. ebd., S. 16). Man kann ebenso sagen, dass knappe (Standort-) Faktoren wirtschaftlich wichtiger sind als jene, die im Überfluss vorhanden sind.

- ■ Die weichen Standortfaktoren bestimmten in dem Sinne zunehmend die Wahl eines Standortes. Diese kann man als soziale und qualitative Komponenten verstehen. Es sind damit die Faktoren gemeint, die sich auf das individuelle Raumempfinden der Menschen auswirken. So zählen das kulturelle Angebot, die Freizeitmöglichkeiten und die landschaftlicher Attraktivität genauso zu den weichen Standortfaktoren, wie die Bildungseinrichtungen und andere Umweltfaktoren. Die weichen Standortfaktoren sind schwer zu begründen, subjektiv geprägt und lassen sich daher nicht in unternehmerische Kosten-Nutzen Rechnungen einbeziehen (vgl. Haas und Neumair, 2008, S. 16).

Die weichen Standortfaktoren können unterteilt werden in weiche unternehmensbezogene Faktoren und personenbezogene Faktoren. Ersteres beeinflusst direkt den unternehmerischen Handlungsspielraum, wie z. B. die lokale Arbeitermentalität oder auch das Wirtschaftsklima. Personenbezogene, weiche Faktoren haben keine direkte Relevanz für das Unternehmen. Dennoch spielen diese, wenn es darum geht qualifizierte Arbeitskräfte anzuwerben eine wichtige Rolle, da die Faktoren für die Entscheidung für oder gegen ein Unternehmen ausschlaggebend sein können: Wohn- und Freizeitwert, gastronomisches oder kulturelles Angebot können beispielsweise in diesem Zusammenhang genannt werden (vgl. ebd., S. 16f).

Es ist anzumerken, dass die Bedeutung einzelner Standortfaktoren branchenabhängig sehr unterschiedlich ausfallen kann. Abb. 7 gibt anhand drei Beispiele eine mögliche branchenspezifische Standortorientierung an.

Orientierung	Merkmal	Beispiel
Arbeitsmarktorientiert	Niedrige Arbeitskosten	Bekleidungsindustrie
Absatzorieniterung	Absatzmarkt, Sperrige Produkte	Lebensmittelindustrie
Verkehrorienitiert	Z. B. Lage an Wasserstraßen	Werften

Abbildung 7: Branchenspezifische Standortorientierung. Quelle: Eigene Zusammenstellung

Abb. 8 macht deutlich, dass die Grenzen zwischen harten und weichen Standortfaktoren nicht eindeutig sind. Die Bedeutung dieser hängt von der Betrachtungsweise bzw. vom Unternehmenstyp ab.

Zur Verdeutlichung werden vier extreme dieser Abbildung erläutert: So ist z. B, die Flächenverfügbarkeit eine maßgebliche Entscheidungsgrundlage basierend auf Fakten. Die Relevanz dieses Faktors ist unmittelbar und für das jeweilige Unternehmen deutlich.

Im Gegensatz dazu steht das soziale Klima, welches subjektiv schlecht einzuschätzen ist und nur indirekt überprüfbar ist.

Die Kriminalität lässt sich durch Fakten klar bestimmen, die Relevanz für die reine Geschäftstätigkeit ist allerdings eher als indirekt einzuschätzen.

Die Wirtschaftfreundlichkeit einer Region ist allerdings für die Geschäftätigkeit eines Unternehmens von direkter Relevanz, allerdings basiert dieser Faktor auf die subjektive Einschätzung einzelner Unternehmer.

Abbildung 8: Kontinuum der harten und weichen Standortfaktoren. Quelle: Hass und Neumair, 2008, S. 17

Abbildungsverzeichnis

Literatur

Entwicklung der Beschäftigtenanteile der Wirtschaftssektoren nach Fourastie (1949). Stand:
27. April 2009. URL: http://www.diercke.de/kartenansicht.xtp?artId=978-3-14-
100762-6&seite=50&id=14767&kartennr=1.

Haas, Hans-Dieter und Simon-Martin Neumair (2008). *Wirtschaftsgeographie.* 2. durchgese-
hene Auflage. Darmstadt: WBG.

Halver, Werner A. und Martina Reske (2006). *Grundzüge der Ökonomie und internationaler*
Wirtschaftsstrukturen. Stand: 26. April 2009. URL: http://www.bildungswerk-nrw.de/PDF/
Buch%20Grundlagen%20der%20Oekonomie.pdf.

Heineberg, Heinz (2003). *Einführung in die Anthropogeographie/Humangeographie.* Paderborn:
Schöningh.

Klein, Ralf (2005). „Ökonomische und theoretische Grundlagen der Wirtschaftsgeographie".
In: *Allgemeine Anthropogeographie.* Hg. von Winfried Schenk und Konrad Schliephake. Sraß-
furt, S. 336–351.

Leser, Hartmut, Hg. (2005). *Wörterbuch Allgemeine Geographie.* 13. völlig überarb. Auflage.
Deutscher Taschenbuch Verlag.

Meyers Atlas Globalisierung. Die globale Welt in thematischen Karten (2008). Meyers Lexi-
konverlag.

Wirtschaftlicher und Sozialer Wandel. Stand: 26. April 2009. URL: http://www.oebv.at/
/sixcms/media.php/71/329676/komp_218219.pdf.